Kulturerdteile im Geographieunterricht? Kritische Einwände gegen Jürgen Newigs Konzeption kultureller Verräumlichung

Jana Boltersdorf

Bibliografische Information der Deutschen Nationalbibliothek:

Die Deutsche Nationalbibliothek verzeichnet diese Publikation in der Deutschen Nationalbibliografie; detaillierte bibliografische Daten sind im Internet über http://dnb.d-nb.de abrufbar.

ISBN: 9783346760777
Dieses Buch ist auch als E-Book erhältlich.

© GRIN Publishing GmbH
Nymphenburger Straße 86
80636 München

Alle Rechte vorbehalten

Druck und Bindung: Books on Demand GmbH, Norderstedt Germany
Gedruckt auf säurefreiem Papier aus verantwortungsvollen Quellen

Das vorliegende Werk wurde sorgfältig erarbeitet. Dennoch übernehmen Autoren und Verlag für die Richtigkeit von Angaben, Hinweisen, Links und Ratschlägen sowie eventuelle Druckfehler keine Haftung.

Das Buch bei GRIN: https://www.grin.com/document/1291037

Hausarbeit

**Kulturerdteile im Geographieunterricht? –
Kritische Einwände gegen Jürgen Newigs Konzeption
kultureller Verräumlichung**

Spezielle Themen der Sozialgeographie

Im Rahmen des Studienganges

Geographie B.Sc,

FRIEDRICH-SCHILLER-UNIVERSITÄT JENA

BEARBEITERIN: Jana Boltersdorf

Inhaltsverzeichnis:

1. Einleitung

„Wie *stellt* man andere Kulturen dar? Was ist eine *andere* Kultur? Ist das Konzept einer distinkten Kultur […] sinnvoll, oder führt sie immer zur Selbstbeweihräuchung (wenn man über die eigene Kultur spricht) oder Feindseligkeit und Aggression (wenn man über die „anderen" spricht)?" (SAID 1995: 325).

1998 formuliert Wiebeke Böge ein Leitziel für den Geographieunterricht, nach dem diesem die Aufgabe zukommen würde, Schüler*Innen dazu anzuregen: „ein Weltbild zu entwickeln, das offen und zunehmend differenziert ist und das Grenzen im Kopf immer wieder hinterfragt." (BÖGE 1998: 26). Es geht entsprechend darum, Stereotype und Vorurteile gegenüber „dem Fremden" in der Schulgeographie systematisch zu reflektieren und dadurch zur Toleranz gegenüber Minderheiten und dem was scheinbar anders ist, beizutragen.

Mehr als ein Jahrzehnt zuvor, legt Jürgen Newig, in Anlehnung an das Konzept der Kulturerdteile von Albert Kolb ein Unterrichtskonzept für den Geographieunterricht vor, in dem er vorschlägt, die Gliederung des Unterrichts an seiner Aufteilung der Welt in Kulturerdteile auszurichten.

Newigs erklärtes Ziel ist es hierbei, „der Gefahr einer Diskriminierung vom Ansatz her" (NEWIG 1986: 264) entgegenzuwirken und ein Verständnis für fremde Kulturen zu vermitteln, in dem diese Kulturen alle als Teil der „Einen Welt" dargestellt werden. Newig will mit seinem Ansatz entsprechend ebenfalls Toleranz gegenüber fremden Kulturen fördern.

Diesem Ziel wird er mit seiner Herangehensweise allerdings keineswegs gerecht.

Newig veröffentlichte 1986 einen Artikel in der geographischen Rundschau, in dem er sein Unterrichtskonzept exemplarisch präsentiert. Seitdem wurde er von zahlreichen Geograph*Innen heftig sowohl für wissenschaftliche Inkorrektheiten als auch für inhaltliche Fehlschlüsse kritisiert (z.B. DÜRR 1978). Eine weitergehende kritische Analyse seines Textes erscheint noch immer, oder gerade heute, relevant, da nicht zuletzt das Erstarken rechtspopulistischer Parteien in vielen Ländern Europas, die sich oft auf kulturalistisch begründete Rassismen berufen, zeigt, dass der Versuch einer Verräumlichung von Kultur noch lange kein überwundenes Paradigma ist, sondern vielmehr noch immer Teil des populären Denkens zu sein scheint. Ein essentialistisches Kulturverständnis, wie es auch bei Newig zu finden ist, produziert kulturelle Identität durch Praktiken des Othering und reprodoziert somit unreflektiert kulturelle Rassismen.

Es liegt entsprechend in der Verantwortung der geographischen Disziplin als Ganze, Ansätze zu hinterfragen, in der „die Andersheit der anderen zu einem Apriori" (SÖKEFELD 2001: 124) von Darstellung und Analyse wird. Es ist die Aufgabe einer kritischen Kulturgeographie den Diskurs der kulturellen Verräumlichung differenziert zu untersuchen und zu analysieren und das Konstrukt der Kulturerdteile zu dekonstruieren. Zudem müssen neue Ansätze aufgezeigt und gefunden werden, wie über Kultur gedacht werden kann, ohne unreflektiert Stereotype zu (re)produzieren. Als wichtiges Instrument diskursiver Wissensvermittlung wird dem Schulunterricht hierbei eine besondere Verantwortung zuteil.

Ziel dieser Arbeit ist es entsprechend, ein holistisches und statisches Verständnis von Kultur am Beispiel von Newigs Beitrag aus dem Jahr 1986 zu analysieren und zu dekonstruieren. In diesem Zuge wird auch aufgezeigt, wieso das von Newig vorgeschlagene Konzept für die Schulgeographie ungeeignet ist.

2.1. Textzusammenfassung

Der Fachdidaktiker Jürgen Newig (1941 - 2015) gilt als einer der einflussreichsten und prominentesten Vertreter der Kulturerdteile im Hinblick auf die deutschsprachige Schulgeographie. Seine Ideen führten trotz Kritik, in vielen Bundesländern zu einer expliziten Neuausrichtung des Erdkundeunterrichtes (GLASZE, THIELMANN 2006: 16). Newig plädiert in seinem publizierten Artikel in der geographischen Rundschau 1986 für das Konzept der Kulturerdteile „auf Basis der Gleichberechtigung aller Kulturen" (NEWIG 1986: 246). Er argumentiert für dieses Konzept im Schulunterricht, indem er es mit dem Argument der Komplexitätsreduktion begründet: Es handele sich um eine „überschaubare Zahl von Einheiten" (NEWIG 1986: 266), die sich entsprechend gut in den Unterricht integrieren ließen.

Jürgen Newig lehnt seine Konzeption der Kulturerdteile an die Konzeption von Albert Kolb an, der dieses Konzept bereits Anfang der 1960er Jahre konzipierte. Newig übernimmt auch Kolbs Definition für Kulturerdteile, in der ein Kulturerdteil als „ein Raum subkontinentalen Ausmaßes verstanden [wird], dessen Einheit auf dem individuellen Ursprung der Kultur, auf der besonderen einmaligen Verbindung der landschaftsgestaltenden Natur- und Kulturelemente, auf der eigenständigen, geistigen und gesellschaftlichen Ordnung und dem Zusammenhang des historischen Ablaufes beruht." (KOLB 1962: 46). Im Gegensatz zu Albert Kolb, fertigt Newig eine Karte (Abbildung 1) an, auf der er seine weiterentwickelte Konzeption der Kulturerdteile kartographisch darstellt.

Newig weist, wie auch Kolb insgesamt 10 Kulturerdteile aus, die in Abbildung 1 dargestellt sind: Europa, den christliche Erdteil, den Orient als „Erdteil des Islam" (Newig 1986: 265), das durch Stammeskulturen geprägte Schwarzafrika, Südasien als Erdteil starker religiöser Gegensätze, Südostasien, der „Reiserdteil" (Newig 1986: 265), den „gelben Erdteil" Ostasien, Australien mit Ozeanien, Lateinamerika, Nordamerika den Erdteil der „unbegrenzten Möglichkeiten" (Newig 1986: 265), sowie die Sowjetunion, die er als Erdteil besonderer Geschlossenheit charakterisiert.

Anmerkung der Redaktion: Diese Abbildung wurde aus urheberrechtlichen Gründen entfernt.

Abbildung 1: 10 Kulturerdteile nach Jürgen Newig

Zur Abgrenzung der einzelnen Kulturerdteile voneinander, führt Newig in seiner Abhandlung fünf Kriterien auf: Das normative Leitsystem, das in Form von Religion und Ideologie den größten Einfluss auf die Kulturerdteilbildung hat, das Kommunikations- und Infrastruktursystem, die Hautfarbe, die er auch als Rasse bezeichnet, die Wirtschaftsformen und -strukturen sowie die Lagesituation, worunter er z.B. Kultur- und Militärpakte zählt (NEWIG 1986: 264). Nun schlägt Newig vor, die verschiedenen Kulturerdteile im Erdkundeunterricht „vom Nahen zum Fernen" (NEWIG 1986: 266) anhand von repräsentativen Beispielländern zu behandeln. Dies bietet nach Newig zahlreiche Vorteile für den Geographieunterricht: So argumentiert Newig, dass Kulturerdteile zwar durchaus veränderbar sind, sie aber dennoch: „eine recht große Konstanz [haben], so daß sie zumeist viele Jahrhunderte überdauern." (NEWIG 1999). Das Gelernte verliert also nicht oder nur sehr langsam an Bedeutung. Weiterhin geht Newig davon aus, dass „das Denken in Kulturerdteilen" (NEWIG 1986: 264) zu einer Abkehr des Eurozentrismus sowie zu einem besseren Verständnis fremder Kulturen führen kann. Es handelt es sich darüber hinaus um eine sinnvolle Komplexitätsreduktion, die den weiteren Vorteil bietet, dass sich die Behandlung von Klimazonen und Landschaftsgürteln mit der Behandlung der Kulturerdteile synchronisieren lassen (NEWIG 1986: 266). Hier wird bereits die länderkundliche Ausrichtung von Newigs Konzeption deutlich.

Das Kulturerdteilkonzept soll dem „natürlichen Interesse des Schülers an fremden Völkern und Ländern" (NEWIG 1986: 267) entsprechen und „ist so besonders geeignet, Verständnis und Toleranz gegenüber anderen, uns fremdartig erscheinenden Kulturen zu wecken." (NEWIG 1999).

Es bleibt also an dieser Stelle festzuhalten, dass Newig mit dem seinem Konzept zugrunde liegenden Eine-Welt-Gedanken durchaus gute Absichten verfolgt haben mag. Dennoch werden in seiner Konzeption implizit und unkritisch Ausgrenzungsmechanismen und geopolitische Pauschalvorstellungen formuliert, dessen Entlarvung die Aufgabe der Geographie ist (GLASZE, THIELMANN 2006: 16). Wenn wir von Kultur sprechen, dann muss immer auch reflektiert werden, wie, wann, von wem und zu welchem Zweck kulturelle Vorstellungen produziert werden.

2.2 Das Kulturverständnis von Newig

In der modernen Humangeographie (ebenso wie in relevanten Nachbardisziplinen, wie der Ethnologie), gibt es seit Jahrzehnten Diskussionen darüber, wie das Konzept der Kultur gedacht und diskutiert werden kann. Insbesondere seit dem *cultural turn* in der zweiten Hälfte des 20. Jahrhunderts, dominiert die Erkenntnis, dass kulturelle Differenzen nicht naturgegeben, sondern sozial konstruiert sind (GLASZE, THIELMANN 2006: 2). Diese breite und vielfach geführte Diskussion findet sich in den Ansätzen von Newig nicht wieder, „ihm scheint das alles kein Problem zu sein" (DÜRR 1987: 230). Es bleibt offen, welches Verständnis von Kultur Newig seinem Ansatz zugrunde legt.

Newig behandelt fremde Kulturen wie gegebene Fakten und nicht wie zu problematisierende Fragestellungen (STÖBER 2001b: 37). Obwohl Newig in seiner Ausarbeitung also keine expliziten Vorannahmen bezüglich seines Kulturverständnisses nennt, lassen sich einige implizite Vorannahmen erkennen:

1. Kultur ist objektiv gegeben und gruppenbezogen verankert. Menschen „*haben*" Kultur. Nur dann macht es Sinn, von Angrenzung zu sprechen.

2. Kulturelle Aussagen über Menschen sind verallgemeinbar. Kulturerdteile zeichnen sich über eine hohe Homogenität nach innen und eine Heterogenität gegenüber anderen Kulturerdteilen aus. Kulturelle Mischung ist hierbei vernachlässigbar. Kulturen sind einfach voneinander abgrenzbar.

3. Kulturelle Merkmale sind im Raum eindeutig einzuordnen und Kulturen sind kartographisch räumlich und nebeneinander sinnvoll darstellbar. Kultur und Raum stehen in einem kausalen Zusammenhang.

Es wird an dieser Stelle deutlich, dass Newigs Verständnis von Kultur ein essentialistischer Kulturbegriff, ähnlich dem von Johann Gottfried Herder zugrunde liegt, dessen Konzept durch „die drei Momente ‚ethnische Fundierung', ‚interkulturelle Abgrenzung' und ‚soziale Homogenisierung' gekennzeichnet" (WELSCH 1994: 3) ist. Bei Herder werden verschiedene Kulturen als Entitäten gedacht, die durch scharfe und objektivierbare Grenzen voneinander getrennt werden können.

Inwieweit entsprechen die oben genannten Vorannahmen Newigs der aktuellen wissenschaftlichen Debatte in der Kulturgeographie?

1. Ist Kultur objektiv gegeben?

Für Newig scheint seine gemachte Aufteilung in Kulturerdteile und seine Grenzziehung völlig klar und naturgegeben zu sein, so als würde jemand, der die gleichen Informationen hat wie Newig zweifellos zu dem gleichen Ergebnis einer räumlichen Aufteilung kommen. Dass Geograph*Innen, die sich in der Vergangenheit mit Kulturerdteilen beschäftigt haben, eine Verräumlichung vorgenommen haben, die mitunter stark von der Konzeption Newigs abweicht, widerlegt diese Annahme und zeigt die subjektive Konstruiertheit von Kulturerdteilen auf (vgl. STÖBER, KREUTZMANN 2001). Durch das Konzept der Kulturerdteile wird eine Kultur zwangsläufig nach innen homogenisiert und nach außen werden die Differenzen überbetont. An einigen Stellen erscheint die Abgrenzung bei Newig jedoch sehr diffus. In Südostasien beispielsweise wird die Existenz von religiösen *Gegensätzen* als verbindendes, homogenisierendes Abgrenzungsmerkmal angeführt, was unlogisch erscheint (NEWIG 19866: 265).

Ganz generell spricht Newig von Kulturen, wie von naturgegebenen, „in sich geschlossenen, einheitlichen Systemen, die sich je nach Bedarf auf Nationalstaaten, Religion, Kontinente oder Sprache beziehen." (KOHL 2013: 19). Wieso es sich bei den Kulturerdteilen von Kolb und Newig zwangsläufig um Erdteile „subkontinentalen Ausmaßes" handeln muss, wird nicht erklärt.

Mit Edward Saids Begriff der „imaginären Geographien" rückt ein konstruktivistischer Kulturbegriff in das Zentrum geographischer Untersuchungen, der impliziert, dass Kultur nicht einfach *da* ist, sondern durch das alltägliche Geographie-Machen entsteht (HABITZL 2010: 32). Auch Clifford Geertz führt im Rahmen der neuen Kulturgeographie an, dass Kultur als selbtgesponnenes Bedeutungsgewebe zu verstehen ist, dass erst durch die alltägliche Kreativität der Menschen geschaffen wird (GEERTZ 1987: 9). „Aus konstruktivistischer Sicht wird die tatsächliche Existenz von Nationalkulturen angezweifelt" (BUDKE 2006: 144).

Kulturelle Differenzen sind also nicht außersubjektiv gegeben, sondern werden permanent im Zuge kultureller Praktiken reproduziert und verräumlicht (GLASZE, MEYER 2006: 60). Newigs Konzeption von Kultur und kultureller Differenz ist also eine subjektive, holistische Aufteilung der Welt, die sich einem essentialistischen Kulturbegriff bedient. Die seinem Konzept zugrunde liegende Subjektivität thematisiert Newig jedoch an keiner Stelle.

2. Sind Kulturen einfach voneinander abgrenzbar?

Bereits Heiner Dürr hat angemerkt, dass die Abgrenzungskriterien, die bei Newig aufgeführt werden, einem wenig aussagekräftigen „Catch-All-Begriff" entsprechen (DÜRR 1987: 229) und entsprechend jede Trennschärfe verlieren. Die Abgrenzungskriterien sind kaum operationalisierbar (STÖBER, KREUTZMANN 2001: S. 226), was erneut die Subjektivität von Newigs Konzeption unterstreicht. Für Leser*Innen ist nicht logisch nachvollziehbar, wie Newig mit den von ihm genannten Abgrenzungskriterien zwangsläufig auf seine Einteilung der Kulturerdteile kommt.

Der Geograph und Fachdidaktiker Rhode-Jüchtern führt zudem an, dass Kultur dynamisch ist, sich im ständigen Fluss befindet und deshalb nicht als Catch-All-Begriff existieren kann: „Das Studium der Kulturen bewegt sich in der Ungleichzeitigkeit zwischen Tradition - Moderne – Virtualität, sucht nach dem Verhältnis von Einzelfall und Typus, benutzt verschiedene Maßstabsebenen zwischen Makro, Meso und Mikro, beachtet innere Differenzierungen." (RHODE-JÜCHTERN 2004: 70). Es lässt sich beispielsweise argumentieren, dass moderne west-liche Gesellschaften inzwischen aufgrund von Migrationsprozessen, Globalisierung und einer Vervielfältigung von Lebensstilen und Arbeitsweisen unbestreitbar multikulturell ausgerichtet sind (KOHL 2013: 25). Ein Denken, das von kultureller Homogenität ausgeht, ist eine pau-schalisierende Verallgemeinerung, die der tatsächlichen Situation nicht (mehr) gerecht wer-den kann. An dieser Stelle muss auch Newigs Annahme von einer relativen Persistenz der Kulturerdteile kritisiert werden. Aktuelle Prozesse wie Globalisierung und damit einherge-hende Verwestlichung vieler Erdregionen zeigen, dass kulturelle Praktiken hochdynamisch und veränderbar sind.

Tatsächlich lässt sich zudem konstatieren, „dass die Differenzen innerhalb einer ‚Kultur' größer sind als [beispielsweise] die zwischen Intellektuellen verschiedener Kulturen" (SCHIFFAUER 2002: 6). Die Auswirkungen von Sozialisation oder sozialer Schicht auf die tatsächliche Lebensweise von Menschen verschiedener Kulturerdteile, bleiben bei Newig jedoch unberücksichtigt.

Durch einen Ansatz wie bei Newig, wird intern kein Recht auf Andersartigkeit zugelassen: Ein vom konstruierten Stereotyp unterscheidbares Verhalten wird als Abweichung von der kulturellen Norm interpretiert, deren Deutungshoheit in der Regel in den Händen anderer liegt (STÖBER 2001: 36).

Die scharfe Trennung von verschiedenen Kulturen muss also unter Berücksichtigung zahlreicher verschiedener kultureller Praktiken, Lebensweisen und Subkulturen *innerhalb* von Kulturerdteilen als konstruierter Prozess verstanden werden.

3. Gibt es einen kausalen Zusammenhang zwischen Raum und Kultur?

In Newigs Konzeption nimmt Kultur eine erklärende Funktion ein. Die Aufteilung der Welt in Kulturerdteile schafft gedankliche Ordnung und erklärt Politik und Gesellschaft. Natur- und Kulturelemente werden hierbei auf länderkundliche Weise miteinander verbunden (STÖBER 2001a: 140). Der Raum bildet bei Newig zwar den geographischen Zugang zur Kultur, die Art der Verbindung zwischen Raum und Kultur wird jedoch kaum thematisiert. Obwohl Newig durch die Verräumlichung und kartographische Darstellung seiner Kulturerdteile eine Kausalität zwischen Raum und Kultur implizit voraussetzt, werden Kausalbezüge nicht explizit benannt oder hergestellt. Entsprechend ist das Konzept auf allen Maßstabsebenen anwendbar (STÖBER 2001a: 148). Bei Newig handelt es sich um eine „moderne Form der länder- und landschaftskundlichen Exploration" (NISSEL 2006: 18). Länderkundliche Ansätze, die schon Ende des 19. Jahrhunderts von Alfred Hettner geprägt wurden, schildern nur den speziellen Fall, es findet kein Transfer zum Allgemeinen statt. Die individuellen Merkmale der einzelnen Kulturerdteile werden hervorgehoben, was zwangsläufig in unrealistischen Pauschalisierungen und Generalisierungen resultiert. Wie bereits erwähnt, wird das Individuelle gegenüber dem Gemeinsamen zwischen den verschiedene Kulturerdteile überakzentuiert. „Da wurden generalisierte Fakten aufgezählt und auf dem Weg über ‚dominante Faktoren' Länderklischees eher verstärkt als abgebaut" (SCHULTZE 1996: 28).

Der dem länderkundlichen Ansatz zugrunde liegende Raumbegriff ist nach Wardenga (vgl WARDENGA 2002) der Containerraumbegriff. Kultur wird dabei als Merkmal gesehen, dass ein Mensch – oder in diesem Fall eine gesamte Region „subkontinentalen" Ausmaßes - *hat* und nicht als etwas, das *gemacht* wird (SCHIFFAUER 2002: 2). Die Kultur *befindet* sich einfach in dem Raumcontainer.

Jedoch muss unter den Annahmen, die weiter oben bereits zum Kulturbegriff aufgeführt wurden, festgestellt werden, dass jedes Verständnis von Kultur als individuell und subjektiv konstruiert angesehen werden muss (KOHL 2013: 20). Die länderkundliche Idee des Totalcharakters eines Erdgegenstandes ist entsprechend abzulehnen. Es gibt keine statische Kultur, die sich räumlich feststellen und abgrenzen lässt. Es gibt keine Kultur, die sich in einen Raumcontainer packen lässt.

Westliche Kulturen „haben nicht mehr die Form homogener und wohl abgegrenzter Kugeln oder Inseln, sondern sind intern durch eine Pluralisierung möglicher Identitäten gekennzeichnet und weisen extern grenzüberschreitende Konturen auf. Insofern sind sie nicht mehr Kulturen im hergebrachten Sinn des Wortes, sondern sind transkulturell geworden." (WELSCH 1994: 1).

Vor diesem Hintergrund muss auch Newigs Anspruch kritisiert werden, die Vielfalt der Länder eines Kulturerdteiles exemplarisch anhand von repräsentativen Beispielländern bewältigen zu können, da sich länderkundliche Ansätze nicht über den Raum hinweg verallgemeinern lassen. „Wer Spanien kennt, kennt Italien noch lange nicht." (SITTE 1978: 2). Genauso ist im Hinblick auf den aktuellen Angriffskrieg Russlands gegen die Ukraine klar, dass die Ukraine nicht zur Erklärung Russlands herangezogen werden kann, obwohl sich die beiden Länder nach Newig im selben Kulturerdteil befinden. Es muss auch die Frage gestellt werden, welche Instanz wie darüber entscheidet, welche Länder für die Schulgeographie als repräsentativ oder unwesentlich gelten. Auch das ist eine Frage, die Newig in seinen Ausführungen nicht beantwortet.

Newigs „kulturelle Plattentektonik" (POPP 2003: 29), in der Überlappungen und Vermischungen von Kultur im Raum vernachlässigt werden, geht entsprechend an dem aktuellen Diskurs um den Kulturbegriff vorbei und verstärkt rassistische Stereotype, wie in der weiteren Abhandlung noch festzustellen sein wird. Es werden zahlreiche Fragen aufgeworfen, die in Newigs Ausführungen nicht beantwortet werden.

2.3 Das Raumverständnis von Newig

Wie in Teil 2.2 bereits angesprochen, handelt es sich bei dem dem länderkundlichen Ansatz zugrundeliegenden Raumkonzept nach Wardenga um das Konzept eines Containerraumes. Hierbei geht es darum, ideographisch die Einmaligkeit von Erdteilen zu beschreiben (WERLEN 2008: 87). Raum wird als in der Realität gegebene holistische Ganzheit begriffen. Gesellschaftliche und physische Raumfaktoren werden parallelisiert und über den räumlichen Zugang in einen direkten Zusammenhang gebracht.

Bei Newig kann man in Teilen von einem geodeterministischen Raumverständnis sprechen, da Räume, kulturelle Gruppen und die Abgrenzung dieser zueinander in einer direkten Verbindung stehen. Der Raumbezug scheint die vorherrschende Kultur zu determinieren. „Diese Länderkunde ist de facto eine Kulturerdteilskunde, die gerade auch den sozialgeographischen Phänomenen breiten Raum gewährt" (NEWIG 1986: 265).

Heute jedoch geht es Raumwissenschaftler*Innen nicht mehr darum, Raum als Erklärung anzuführen, so wie Newig Raum implizit als Erklärung für kulturelle Differenzen heranzieht, es geht vielmehr darum Raum selbst als *erklärungsbedürftig* anzuerkennen (WERLEN 2008: 187). Containerraumorientierte Ansätze vernachlässigen die Reflexion von Problemstellungen sowie die subjektzentrierte, alltägliche Perspektive von Menschen. Sie vernachlässigen den aktiven und konstruierten Charakter von Räumen, der aber insbesondere in der Geographiedidaktik berücksichtigt werden sollte.

„'Geography' is thus not merely a passive spatial setting in which social life occurs, but something that is actively produced, reproduced, maybe maintained or transformed, in the struggles of individuals, in their local, day-to-day practices of life and in the collective forms of practice of larger spatial scales" (PAASI 1996: 67). Raum ist also nicht einfach da, sondern konstitutiv mit sozialen Handlungen und Praktiken verbunden. Raum entsteht entsprechend erst durch individuelle und kollektive Lebenswirklichkeiten und alltägliche Handlungen von Menschen.

Wenn Newig also schreibt, sein Ansatz würde das „natürliche Interesse des Schülers an fremden Völkern und Ländern" (NEWIG 1986: 267) fördern, dann muss dem kritisch entgegengehalten werden, dass die individuelle Lebenswirklichkeit der Menschen aus dem Fokus rückt. Das Einfühlen in die Lebensrealität „der Anderen" wird erschwert. Newigs länderkundliches Denken im Containerraum betont das Individuelle und das Eigenartige, was, wie bereits angesprochen, zu einer Überbetonung von Unterschieden führt (FRIDRICH 2013:19).

Es lässt sich also festhalten, dass bei Newig ein Containerraum den Zugang zur Kultur bildet. Sowohl Raum und Kultur werden als essentialistische Ganzheiten betrachtet und kulturelle Differenzen werden räumlich fixiert (HABITZL 2010: 59). Dies gilt es insbesondere aus didaktischer Sicht zu kritisieren.

2.4 Praktiken des Othering bei Newig

Durch die Annahme der Differenz, die dem Kulturverständnis von Newig Apriori vorausgesetzt wird, fungiert Kultur nicht, wie von Newig angestrebt, als Mittel zum Zwecke der Förderung von Toleranz und Verständnis, sondern vielmehr als Abgrenzungskonzept, (SÖKEFELD 2001:127) was aus didaktischer Perspektive hochproblematisch ist.

Auch, wenn Newig explizit die Gleichwertigkeit der verschiedenen Kulturen Apriori setzt, beinhaltet sein Kulturkonstrukt implizit zwangsläufig „Hierarchie, Bewertung und Dominanz" (SÖKEFELD 2001: 123), da die subjektive Konstruiertheit von Kultur keine Berücksichtigung findet. Ein Beispiel hierfür ist die aus postkolonialer Sicht problematische und rassistische Fremdbezeichnung „Schwarzafrika" (NEWIG 1986: 265) als durch von „Stammes-Kulturen" (NEWIG 1986: 265) geprägter Kulturerdteil. Ein weiteres Beispiel ist, dass Ostasien als der „'gelbe Erdteil'" (NEWIG 1986: 266) bezeichnet wird. Es findet keine Reflexion über die Frage statt, wer wie mit welcher Legitimation derlei Fremdbezeichnungen einführt und verwendet, was eine verharmlosende Tendenz in Bezug auf rassistische Äußerungen darstellen kann.

Mehrfach wird im fachwissenschaftlichen Diskurs zudem darauf hingewiesen, dass das Paradigma der Kultur das Paradigma der Rasse zunehmend als Basisdifferenz zwischen Menschengruppen ersetzt:

„Our sense of culture is characteristicallly meant to displace race, but […] culture has turned out to be a way of continuing rather than repudiating racial thought." (MICHAELS 1992: 684). Die Ähnlichkeit zwischen den Konzepten von Rasse und Natur wird auch an den Ausführungen Newigs deutlich: Scharfe Grenzen werden scheinbar willkürlich in den Raum gelegt. Differenz zwischen Menschen(gruppen) wird kulturell begründet. In gewisser Hinsicht scheint das Denken und Handeln von Individuen pauschalisierend über den Faktor ‚Kultur' erklärbar zu sein (SÖKEFELD 2001: 122-123). Im Erdkundeunterricht könnte die von Newig vorgeschlagene Herangehensweise an das Kulturkonzept durch eine Auseinandersetzung mit kultureller Differenz erst ein Aufmerksammachen auf die „Andersartigkeit von Personen anderer Nationalitäten bei Schülern" (BUDKE 2006: 145) auslösen, was kulturelle Rassismen und rassistische Stereotypen eher verstärken als abbauen würde. Die Schüler lernen dadurch also möglicherweise erst, zwischen sich und „den Anderen" zu unterscheiden.

Erst durch die Berücksichtigung von scheinbarer Differenz zwischen Menschengruppen bei gleichzeitiger Nicht-Berücksichtigung von Gemeinsamkeiten, werden Kulturerdteile überhaupt produziert. Durch die Definition dessen, was anders ist als, findet ein Othering statt. Menschengruppen werden nur deshalb unterscheidbar, weil sie *unterschieden* werden. Das Kulturkonzept, das Newigs Ausführungen zugrunde liegt, kann also nicht ohne Differenz, nicht ohne das Andere definiert werden, weil Abgrenzung nur dann Sinn macht, wenn es etwas gibt, das abgegrenzt werden kann. Es wird ein konstruiertes, geopolitisches Leitbild aufgebaut, dessen Funktion es nicht ist, „Prozesse und Entwicklungen zu erklären, sondern gedankliche Ordnung herzustellen" (STÖBER, KREUTZMANN 2001: 227). Das Hineinversetzen in die individuelle Lebenswelt der behandelten Subjekte wird so erschwert.

Bei sämtlichen Ansätzen, die die Welt pauschal in abzugrenzende, homogene Kulturerdteile gliedern, handelt es sich nicht um geeignete Konstrukte zur Differenzierung der Erde in sinnvolle Teilbereiche, sondern vielmehr um „einseitige geopolitische Leitbilder, die eine territoriale Rhetorik betreiben." (KREMB 2004: 124). Als ein Resultat wird das Fremde erst sozial konstruiert und Stereotype und Vorurteile werden verstärkt.

2.5: Kulturerdteile aus didaktischer Sicht

Dass Kulturerdteile oder dahinterstehende Vorstellungen trotz der bis hierhin dargelegten Kritik eine beunruhigende Persistenz insbesondere in der Schulgeographie erfahren, kann an dem Beispiel der „orientalischen Stadt" deutlich gemacht werden, das noch immer fest in deutschen Lehrplänen verankert ist. In Newigs Konzeption ist der „Orient" als ein Kulturerdteil besonderer Einheitlichkeit verankert (NEWIG 1986: 265). Auch bei Konzepten wie der „orientalischen Stadt" lässt sich aber festhalten, dass es sich hierbei um eine idealtypische

Konstruktion handelt, die ungeeignet dazu ist, Vorurteile abzubauen. Das Konzept der „orientalischen Stadt" reproduziert ebenfalls auf pauschalisierende, nicht-reflektive, länderkundliche und inaktuelle Weise Stereotype über den Kulturerdteil, der auch im alltäglichen, populären Diskurs „der Orient" genannt wird.

Es muss an dieser Stelle darauf hingewiesen werden, dass Stereotype und Vorurteile ein Teil von uns sind und dass sich pauschalisierende Homogenisierungen in vielen Fällen nicht vermeiden lassen. Letztendlich ist es aber eine Verantwortung von Geograph*Innen, Stereotype immer wieder zu hinterfragen, zu reflektieren und Stereotype zu vermitteln, die eine faire Weltsicht ermöglichen. Dem Geographieunterricht wird hierbei eine besondere Verantwortung zuteil, da insbesondere über Schulen gesellschaftliche Diskurse entstehen und verfestigt werden (SCHIFFAUER 1997: 94). Wie, durch wen und mit welchen Folgen werden Kulturerdteile bei Newig zu realen Regionen gemacht? Wer ist für die Abgrenzung von Kulturerdteilen verantwortlich und welche Absicht steckt dahinter? Und vor allem auch: Welche Bedeutung hat diese Konzeption für die individuelle Erfahrungswelt von Menschen? (HABITZL 2010: 45). Der Aussagecharakter von kulturellen Stereotypen in Bezug auf Individuen und Kollektive ist fragwürdig (POPP 2003: 36). Es wird vielfach argumentiert, dass gerade das menschliche Handeln und alltägliche Lebensrealitäten durch eine zwangsläufig pauschalisierende Argumentation vollständig aus dem Blick geraten (STÖBER, KREUTZMANN 2001: 227; DÜRR 1987: 231). Eine auf ausschließlich räumliche Aspekte fokussierte Erforschung von Gesellschaften kann „für die Belange der Subjekte nur eine geringe Sensibilität entwickeln" (WERLEN 1995: 76).

Geographieunterricht sollte zu Fragen auffordern, Schüler*Innen aktivieren und ihnen ein verantwortungsbewusstes Handeln beibringen und ermöglichen (BÖGE 1998: 26).

Wenn es sich bei der Konzeption Newigs also um ein geopolitisches Leitbild handelt, dann ist es Aufgabe der der Schulgeographie dieses Leitbild zu dekonstruieren und ihm so seine Wirkmächtigkeit zu entziehen. Nicht ein essentialistischer, sondern vielmehr ein konstruktivistischer Ansatz, der die im Lehrplan verankerten Bildungsaufgaben wie „Erwerb der Urteils- und Kritikfähigkeit" und „Toleranz gegenüber Andere und Minderheiten" erfüllt, sollte an Schulen gelehrt werden.

3. Fazit und Diskussion

Jürgen Newig verfolgt mit seiner Konzeption der Kulturerdteile das Ziel, Schüler*Innen unterschiedliche Kulturen als gleichwertig beizubringen. Er möchte mit seinem Konzept Eurozentrismus und Diskriminierung vorbeugen.

Ein Verständnis von Kultur, das Differenz überbetont und in dem Kulturkreise durch scharfe, in den Raum gemalte Grenzen getrennt werden, wird diesem Anspruch jedoch in keiner Weise gerecht. Vielmehr werden kulturelle Rassismen und Stereotype erzeugt und reproduziert. Eine kritische Reflexion des Konzeptes insbesondere aus postkolonialer Sicht findet in Newigs Ausführungen nicht statt. Grenzen und Stereotypen im Kopf von Schüler*Innen werden nicht hinterfragt, sondern vielmehr verfestigt. Seiner Konzeption liegt ein essentialistisches Verständnis von Kultur zugrunde. Seine Ausführungen verfolgen einen länderkundlichen Ansatz und basieren auf einem absolutistischen Raumverständnis. Es lässt sich zusammenfassend festhalten, dass sich Newigs Ideen nicht als schulische Bildungsinhalte eignen, die zu „kompetentem Verhalten" führen (STÖBER, KREUTZMANN 2001: 227). Das eingangs formulierte Leitziel von Wiebeke Böge, kann durch Newigs Vorstellungen für die Schulgeographie entsprechend nicht erfüllt werden.

Im Hinblick auf Denkstile über das Kulturkonzept ist es für partizipativ-demokratische Gesellschaften notwendig, für die (Schul)Geographie neue Denkarten und Diskurse zu entwickeln, die Gemeinsamkeiten statt Unterschiede betonen. Geopolitische Vorstellungen und Konse-quenzen müssen hinterfragt werden. Um in Zukunft gemeinsam einen Weg des toleranten Miteinanders gehen zu können, muss die Einsicht vermittelt werden, „dass das Verbindende stärker ist als das Trennende" (LARCHER 2008: 7- 9). Dies ist insbesondere angesichts der Tatsache relevant, dass in zahlreichen europäischen Ländern, wie auch in Deutschland, in den letzten Jahren zunehmend politische Kräfte laut geworden sind, die rassistische Schlussfolgerungen aus einem kulturell begründeten Othering ziehen. So heißt es im Wahlprogramm der AfD: „Die deutsche Leitkultur beschreibt unseren Wertekonsens, der für unser Volk identitätsbildend ist und uns von anderen unterscheidet." (AfD Wahlprogramm Kultur). Doch auch in konservativen Kreisen sind ähnliche Argumentationsmuster zu finden. So sorgte beispielweise der bayerische Innenminister Joachim Herrmann 2019 mit folgender Aussage für Schlagzeilen: „Jetzt kommen unübersehbar Menschen aus anderen Kulturkreisen zu uns, in deren Heimat die Gewaltlosigkeit, wie wir sie pflegen, noch nicht so selbstverständlich ist." (KOCAMAN 2019).

Derlei Argumentationen liegt ein ähnliches Verständnis von Kultur wie bei Newig zugrunde, das in einer ganz realen Politik des Othering mündet oder münden kann. Derlei pauschalisierende Vorstellungen sind in einer Zeit, in der Kultur eher hybrid und transkulturell gedacht werden muss, nicht mehr aktuell. „Die Kulturen [...] weisen heute eine Verfasstheit auf, die den alten Vorstellungen geschlossener und einheitlicher Nationalkulturen nicht mehr entspricht." (WELSCH 1994: 1). Globalisierung, Vernetzung, Individualisierung und Migration haben schon längst dafür gesorgt, dass wir kulturelle Praktiken als feinkörnig, dynamisch und unglaublich vielfältig begreifen müssen. In unserem Zeitalter ist die Vorstellung von homogenen Kultureinheiten längst nicht mehr aktuell. Diese Vorstellung sollte in der Schulgeographie entsprechend weder explizit noch implizit gelehrt werden und auch im öffentlichen Diskurs immer wieder angegriffen werden.

Literaturverzeichnis:

AfD-Wahlprogramm Kultur. Online-Quelle [Zugriff am 11.07.2022]:
https://www.afd.de/wahlprogramm-kultur/

BÖGE, W. (1998): Raum, Politik und Weltbild oder Huntington in der Schule. S. 22-26. In: (1998). Geographie und Schule (20).

BUDKE, A. (2006): Nationale Stereotypen als soziale Konstruktion im Erdkundeunterricht. S. 139-154. In: DICKEL, M., KANWISCHER, D. (2006): TatOrte. Neue Raumkonzepte didaktisch inszeniert. Berlin. Lit Verlag.

DÜRR, H. (1987): Kulturerdteile: Eine "neue" Zehnweltenlehre als Grundlage des Geographieunterrichts? Diskussion. S. 228-232. In: (1987). Geographische Rundschau, 39.

FRIDRICH, C. (2013): Von der befremdlichen Persistenz der Länderkunde im Unterrichtsgegenstand Geographie und Wirtschaftskunde – Ergebnisse einer empirischen Untersuchung.

GEERTZ, C. (1987): Dichte Beschreibung. Beiträge zum Verstehen kultureller Systeme. Suhrcamp Verlag.

GLASZE, G., MEYER, A. (2008): Kulturelle Vielfalt als politisches Konzept und als Leitbild für den Erdkundeunterricht - eine kritische Auseinandersetzung. S. 49 – 66. In: BUDKE, A. (2008): Interkulturelles Lernen im Geographieunterricht. Potsdam Universitätsverlag Potsdam.

GLASZE, G., THIELMANN, J. (2006): "Orient" versus "Okzident"?: Zum Verhältnis von Kultur und Raum in einer globalisierten Welt. Geographisches Institut, Johannes Gutenberg-Universität.

HABITZL, T. (2010): Raumkonzepte im GW-Unterricht: Das „Raum"-Beispiel „Orient" in Schulbüchern und in der Wahrnehmung Studierender des Studienzweiges GW-Lehramt. Masterarbeit. Wien.

KOCAMAN, B. (2019): Über Herrmanns Kulturkreis freut sich die AfD. Migazin. Online-Quelle [Zugriff am 11.07.2022]: https://www.migazin.de/2019/08/06/entgleisung-ueber-herrmanns-kulturkreis-afd/

KOHL, P. (2013): Aufwertung und Identität im transkulturellen Raum. Divergierende Rezeptionen zweier Mannheimer Stadtquartiere. Ruprecht-Karls-Universität Heidelberg.

KOLB, A. (1962): Die Geographie und die Kulturerdteile. S. 42-49. In: (1962). Hermann-von-Wissmann-Festschrift. Tübingen.

KREMB, K. (2004): Die Kulturerdteile der Geographie: Ein Konzept auch für die Didaktik der Weltgeschichte? S. 117-124. In: (2004). Zeitschrift für Weltgeschichte. 5, 1.

LARCHER, D. (2008): Der Geist aus der Flasche. Unerwünschte Nebenwirkungen des Begriffs "Kultur". Magazin Erwachsenenbildung.

MICHAELS, W., B. (1992): Race into Culture. S. 655 – 685. In: (1992). Critical Inquiry. 18. Chicago.

NEWIG, J. (1986): Drei Welten oder eine Welt. S. 262-267. In: (1986). Geographische Rundschau, 38.

NEWIG, J. (1999): Das Konzept der Kulturerdteile. Online-Quelle [Zugriff am 11.07.2022]: https://www.kulturerdteile.de/kulturerdteile/

NISSEL, H. (2006): Vom Kulturerdteil Orient zu islamischen Welt. Eine geographische Spurensuche. S. 11-27. In: STEFFELBAUER, I., HAKAMI, K. (2006): Vom Alten Orient zum Nahen Osten. Essen. Magnus Verlag.

PAASI, A. (1996): Territories, Boundaries and Consciousness. The Changing Geographies of the Finnish-Russian Border. Chichester. John Wiley & Sons.

POPP, H. (2003). Das Konzept der Kulturerdteile in der Diskussion: das Beispiel Afrikas: wissenschaftlicher Diskurs, unterrichtliche Relevanz, Anwendung im Erdkundeunterricht. Bayreuth. Verlag Naturwissenschaftliche Gesellschaft. Bayreuth.

RHODE-JÜCHTERN, T. (2004): Derselbe Himmel, verschiedene Horizonte. Zehn Werkstücke zu einer Geographiedidaktik der Unterscheidung. Wien. Institut für Geographie und Regionalforschung Wien.

SAID, E., W. (1995). Orientalismus. London. Penguin Books.

SCHIFFAUER, W. (1997): Fremde in der Stadt. Frankfurt am Main. Suhrkamp-Taschenbuch.

SCHIFFAUER, W. (2002): Kulturelle Identitäten. Vortrag. 52. Lindauer Psychotherapiewochen.

SCHULTZE, A. (1996): Vierter Problemkreis: Länderkunde oder Allgemeine Geographie? Regionale oder Thematische Geographie? S. 26-32. In: Schultze, A. (1996): 40 Texte zur Didaktik der Geographie. Gotha. Justus Perthes-Verlag.

SITTE, W. (1978): Zur gegenwärtigen Situation des GW-Unterrichts in Österreich. S. 1-4. In: (1978). GW-Unterricht. 1.

SÖKEFELD, M. (2001): Der Kulturbegriff in der Ethnologie und im öffentlichen Diskurs – eine paradoxe Entwicklung? S. 119-137. In: STÖBER, G. (2001): "Fremde Kulturen" Im Geographieunterricht: Analysen - Konzeptionen – Erfahrungen. Hannover. Georg-Eckert-Institut für Internationale Schulbuchforschung.

STÖBER, G. (2001a): „Kulturerdteile", „Kulturräume" und die Problematik eines „räumlichen" Zugangs zum kulturellen Bereich. S. 138-155. In: STÖBER, G. (2001): "Fremde Kulturen" im Geographieunterricht: Analysen - Konzeptionen – Erfahrungen. Hannover. Georg-Eckert-Institut für Internationale Schulbuchforschung.

STÖBER, G. (2001b): „Fremde Kulturen" zwischen Schulbuchdeckeln – ein Überblick. S. 17-41. In: STÖBER, G. (2001): "Fremde Kulturen" im Geographieunterricht: Analysen - Konzeptionen – Erfahrungen. Hannover. Georg-Eckert-Institut für Internationale Schulbuchforschung.

STÖBER, G., KREUTZMANN, H. (2001): Zum Gebrauchswert von Kulturräumen. S. 214-230. In: (2001). Geopolitik: Zur Ideologiekritik politischer Raumkonzepte. Wien. Kritische Geographie. 14.

WARDENGA, U. (2002): Räume der Geographie – zu den Raumbegriffen im Geographieunterricht. S. 8-11. In: (2002). Geographie heute. 200.

WELSCH, W. (1994): Transkulturalität - Die veränderte Verfassung heutiger Kulturen. In: (1994). Via Regia – Blätter für internationale kulturelle Kommunikation. Europäisches Kultur- und Informationszentrum in Thüringen. 20.

WERLEN, B. (1995): Sozialgeographie alltäglicher Regionalisierungen. Zur Ontologie von Gesellschaft und Raum. Stuttgart: Steiner Verlag.

WERLEN, B. (2008): Sozialgeographie. Eine Einführung. Bern-Stuttgart-Wien: Haupt Verlag.

Abbildungsverzeichnis: